4-5歲

幼兒全方位
# 智能開發

智力篇
# 觀察力訓練

園丁文化

# 哪個不同？
## 衣物

做得好！ 不錯啊！ 仍需加油！

● 請在每組中圈出1件不同的衣物。

1.

A. 
B. 
C. 
D. 

2.

A. 
B. 
C. 
D. 

3.

A. 
B. 
C. 
D. 

4.

A. 
B. 
C. 
D. 

答案：1.C 2.A 3.D 4.B

# 哪個不同？

## 零食

請在每組中圈出 1 種不同的零食。

1.

A. B. C. D.

2.

A. B. C. D.

3.

A. B. C. D.

4.

A. B. C. D.

答案：1. D 2. A 3. B 4. C

# 哪個不同？

## 玩具

做得好！ 不錯啊！ 仍需加油！

● 請在每組中圈出 1 個不同的玩具。

1.

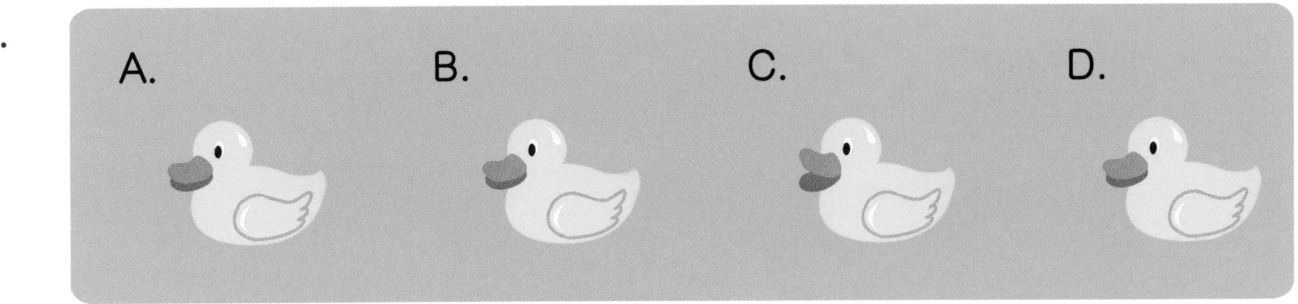


2.

3.

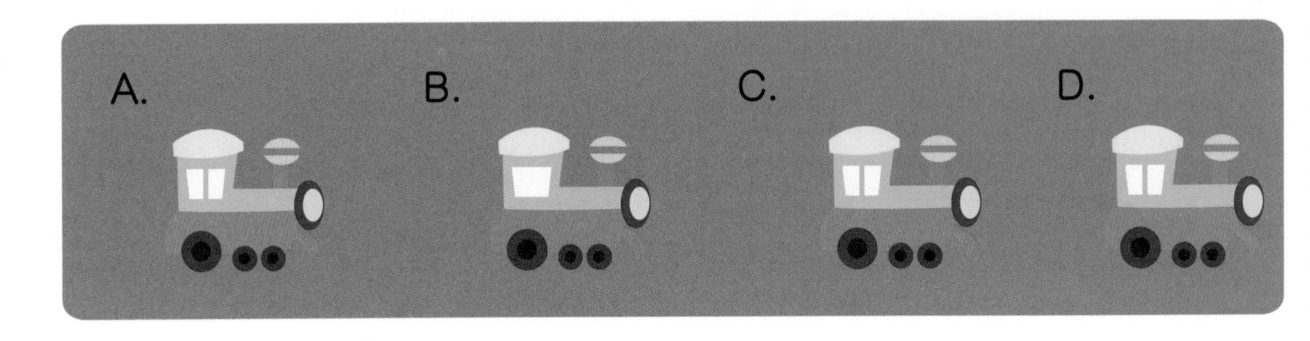


4.

答案：1. C 2. D 3. B 4. A

# 哪個不同？

## 運動用品

做得好！ 不錯啊！ 仍需加油！

● 請在每組中圈出 1 個不同的運動用品。 難度 ★★★★

1.

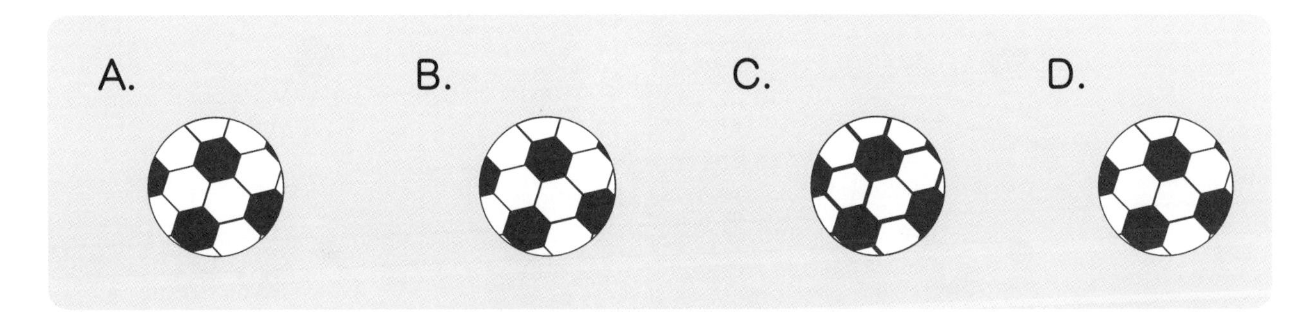


2.

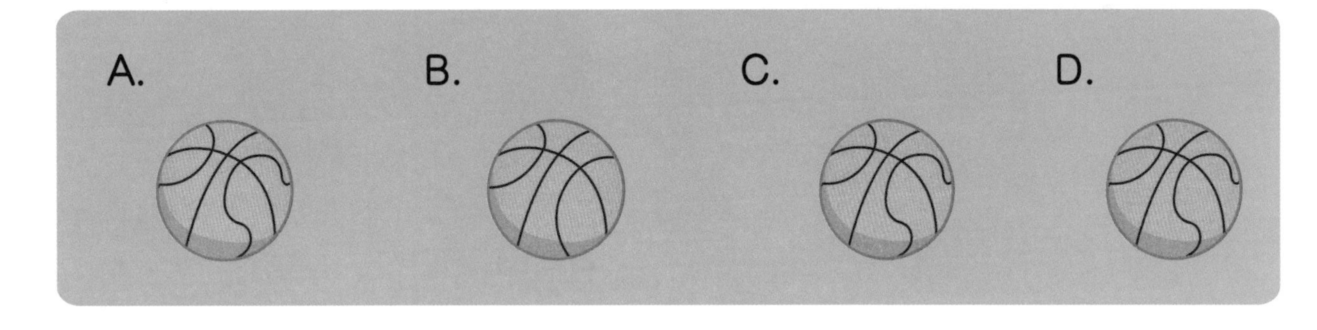


3.

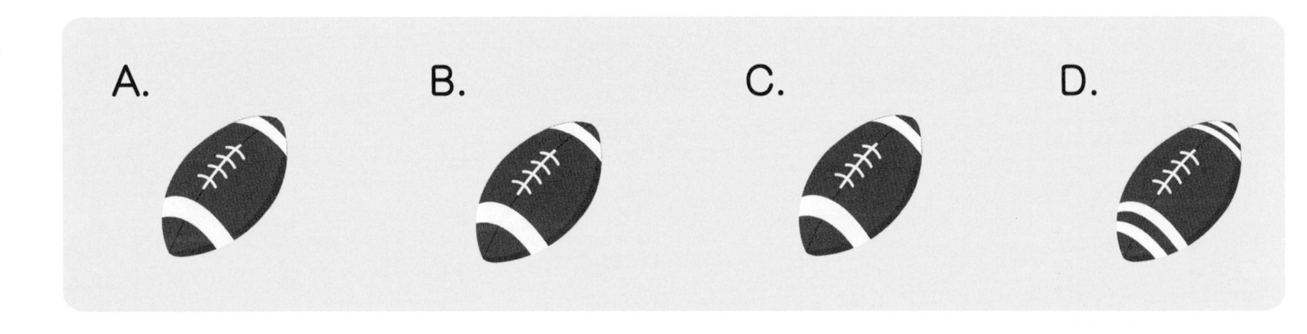


4.

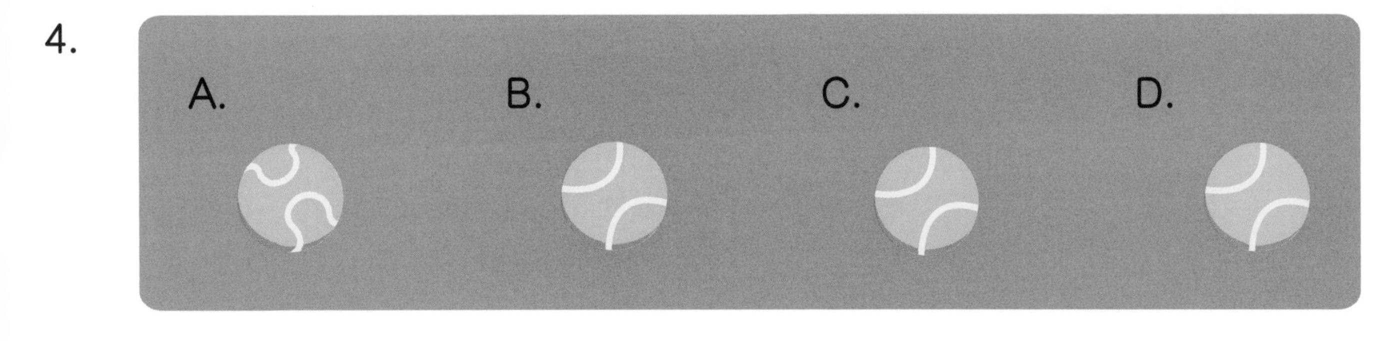


答案：1. C 2. B 3. D 4. A

# 哪裏不一樣？

## 雪人

做得好！ 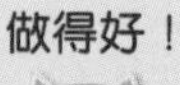 不錯啊！ 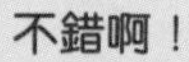  仍需加油！ 

● 請比較下面兩幅圖，在右圖圈出 5 處不同的地方。 難度 ★

小朋友，說一說雪人的帽子是什麼顏色的？

答案：

# 哪裏不一樣？

## 小丑

請比較下面兩幅圖，在右圖圈出 5 處不同的地方。

小朋友，我們來看看右圖的皮球有多少種顏色？

答案：

# 哪裏不一樣？

## 遊樂場

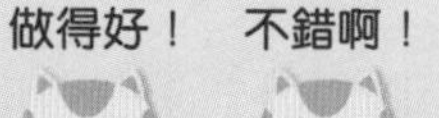

● 請比較下面兩幅圖，在右圖圈出 5 處不同的地方。

小朋友，你在圖中看到什麼公園設施？試說一說。

答案：

# 哪裏不一樣？
## 街道

做得好！ 不錯啊！ 仍需加油！

請比較下面兩幅圖，在右圖圈出 5 處不同的地方。

難度 ★★★★

馬路上有什麼交通工具？試說一說。

答案：

# 哪兩個相同？
## 課室用品

做得好！ 不錯啊！ 仍需加油！

● 請在每組中圈出與 ▢ 內相同的物品。 難度 

1.  A.  B. 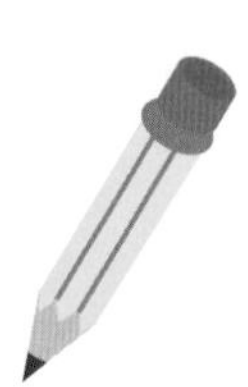 C.  D. 

2.  A.  B.  C.  D. 

3.  A. 

B. 

C.  D. 

4.  A.  B.  C.  D. 

答案：1. B 2. C 3. D 4. A

# 哪兩個相同？
## 生活用品

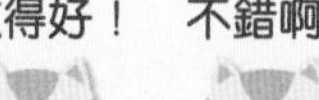

1. 
A. B. 
C. 
D. 

2. 
A. 
B. 
C. 
D. 

3. 
A. 
B. 
C. 
D. 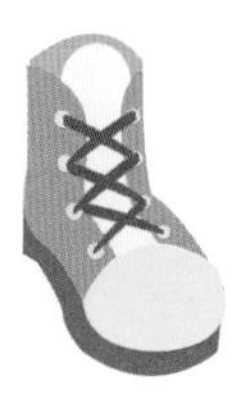

4. 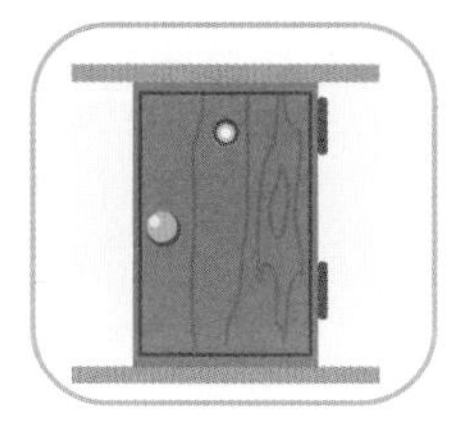
A. 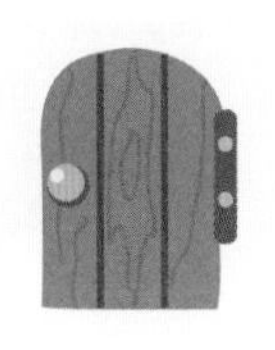
B. 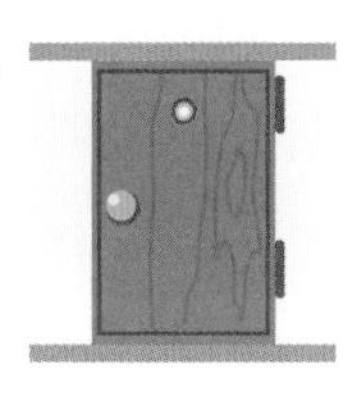
C. 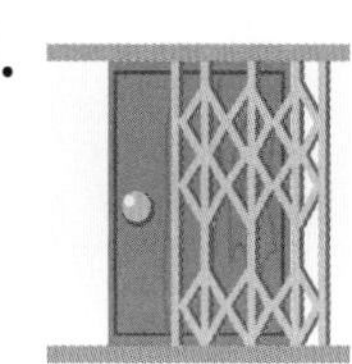
D. 

答案：1. C 2. A 3. D 4. B

# 哪兩個相同？

## 幾何圖形

做得好！ 不錯啊！ 仍需加油！

請在每組中圈出與 ▢ 內相同的圖形。（注意：圖形的方向或角度可能不一樣。）

難度 ★★★

1. 

A. 

B. 

C. 

D. 

2. 

A. 

B. 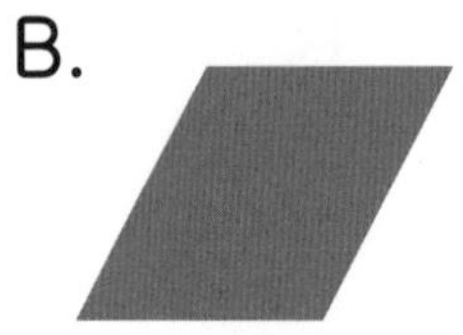

C. 

D. 

3. 

A. 

B. 

C. 

D. 

4. 

A. 

B. 

C. 

D. 

答案：1. B 2. D 3. C 4. A

# 哪兩個相同？

## 幾何圖形組合

做得好！  不錯啊！  仍需加油！ 

● 請在每組中圈出與 ▢ 內相同的圖形組合。（注意：圖形組合的方向或角度可能不一樣。） 難度 ★★★★

1. 
A. 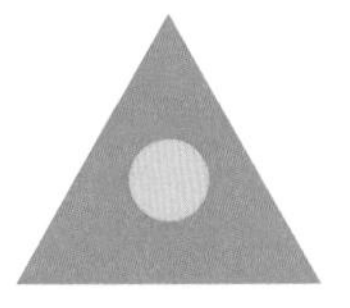
B. 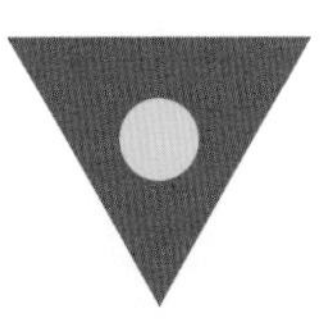
C. 
D. 

2. 
A. 
B. 
C. 
D. 

3. 
A. 
B. 
C. 
D. 

4. 
A. 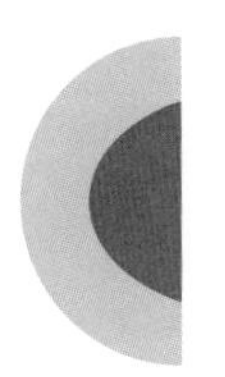
B. 
C. 
D. 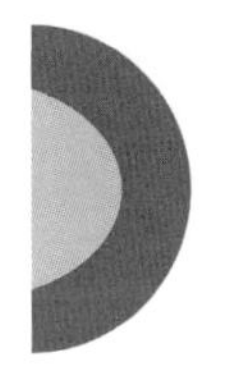

答案：1. B 2. C 3. A 4. D

# 是哪個剪影？

## 動物

1. 

A. 

2. 

B. 

3. 

C. 

4. 

D. 

答案：1. B 2. D 3. A 4. C

# 是哪個剪影？
## 家禽

做得好！  不錯啊！  仍需加油！ 

請用線把家禽與正確的剪影連起來。

1. 

A. 

2. 

B. 

3. 

C. 

4. 

D. 

答案：1. B 2. C 3. D 4. A

# 是哪個剪影？

## 鳥兒

請用線把鳥兒與正確的剪影連起來。

1. 

A. 

2. 

B. 

3. 

C. 

4. 

D. 

5. 

E. 

6. 

F. 

答案：1.C 2.F 3.A 4.D 5.B 6.E

# 是哪個剪影？

## 小貓

A.

B.

C.

D.

E.

F.

答案：E

# 哪兩個一組？

## 水果

文文把紙張對摺，然後剪出一些水果圖案。請用線把紙張與正確的鏤空圖案連起來。 難度 ★

1.

A.

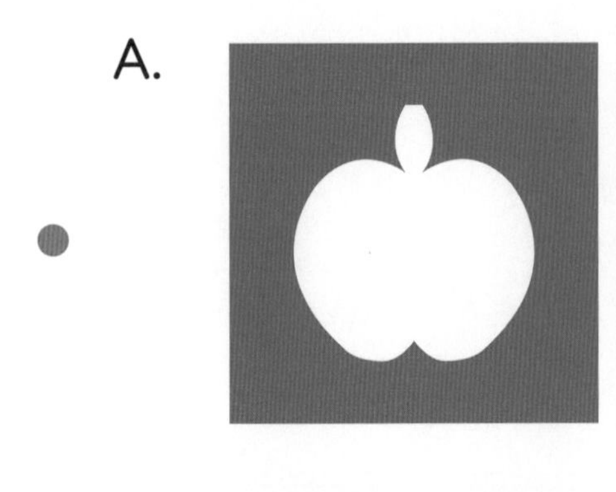

2.

B.

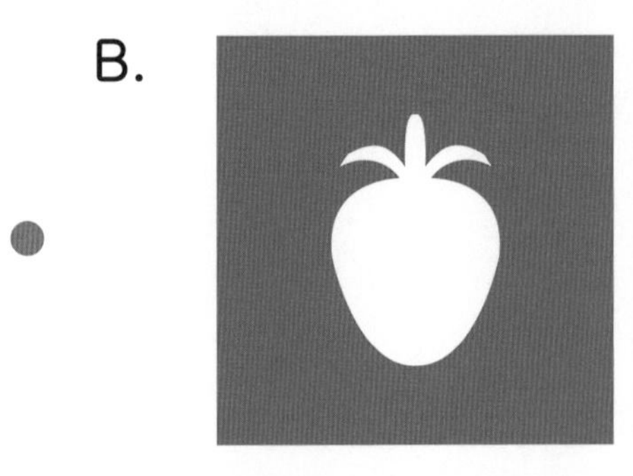

3.

C.

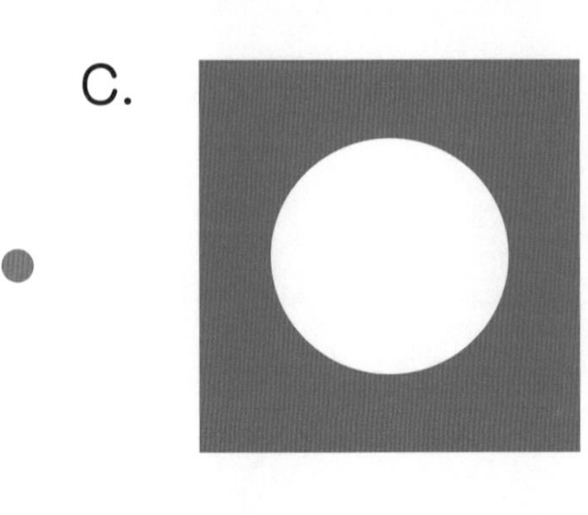

4.

D.

答案：1. B 2. C 3. A 4. D

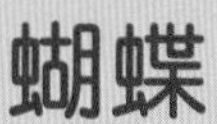

# 哪兩個一組？

## 蝴蝶

諾諾把紙張對摺，然後剪出一些蝴蝶圖案。請用線把紙張與正確的鏤空圖案連起來。 難度 ★★

1.

A.

2.

B.

3.

C.

4.

D.

答案：1. D 2. C 3. A 4. B

# 哪兩個一組？

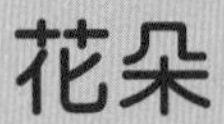

## 花朵

麗麗把紙張對摺，然後剪出一些花朵圖案。請用線把紙張與正確的鏤空圖案連起來。 難度 ★★★

1. 

A. 

2. 

B. 

3. 

C. 

4. 

D. 

答案：1.C 2.A 3.D 4.B

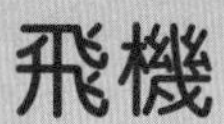

# 哪兩個一組？

## 飛機

做得好！  不錯啊！  仍需加油！ 

雅雅把紙張對摺，然後剪出一些飛機圖案。請用線把紙張與正確的鏤空圖案連起來。 難度 ★★★★

1. 

A. 

2. 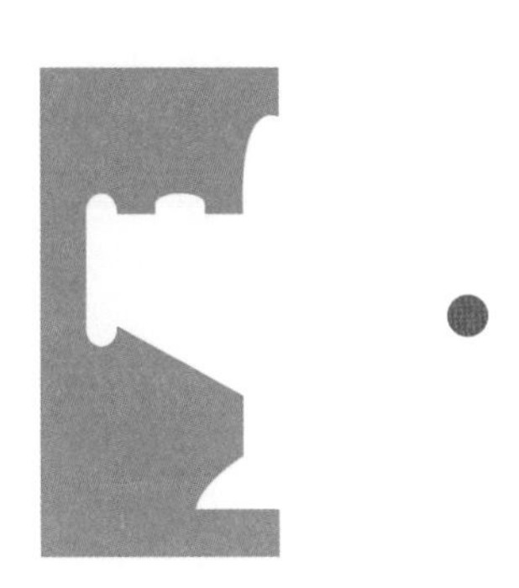

B. 

3. 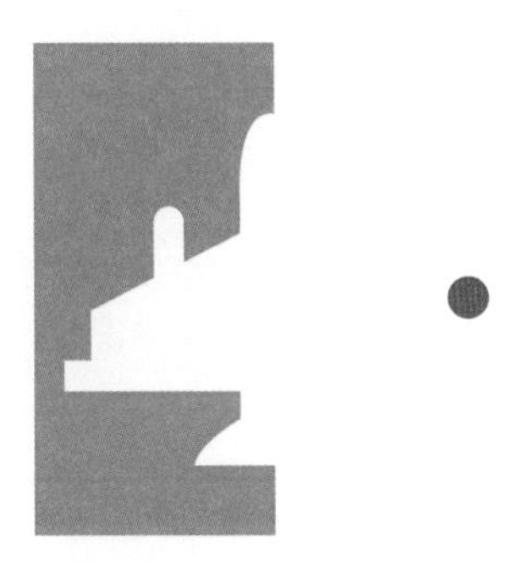

C. 

4. 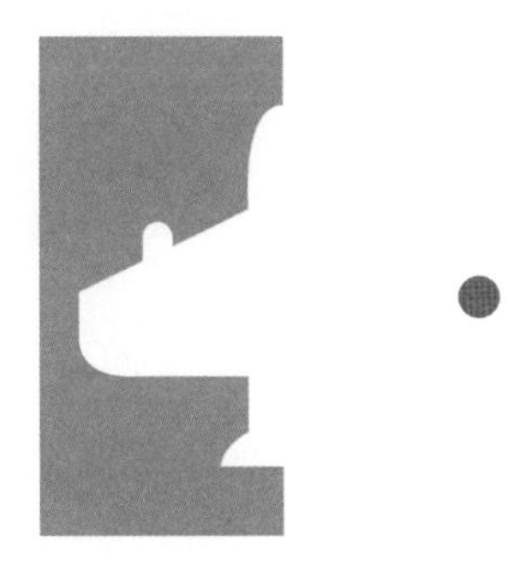

D. 

答案：1. B 2. D 3. A 4. C

# 看到哪一面？
## 小貓

做得好！ 不錯啊！ 仍需加油！

麗麗在小貓的後面。從麗麗的方向看，小貓是什麼樣子？請圈出來。

A.
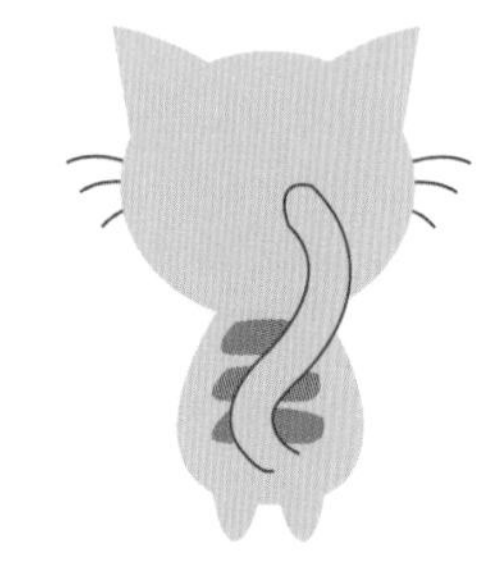

B.
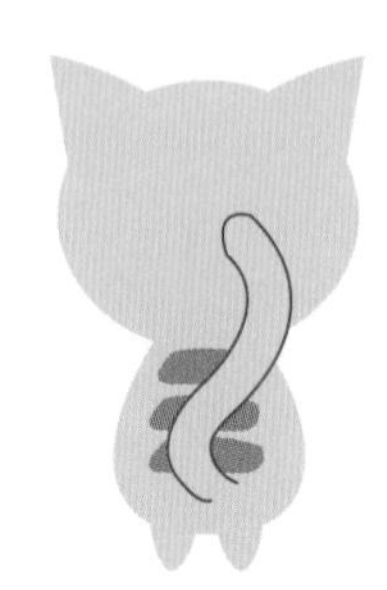

C.
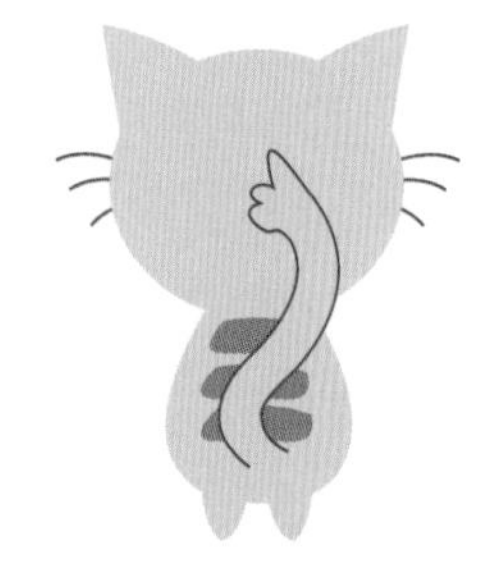

D.
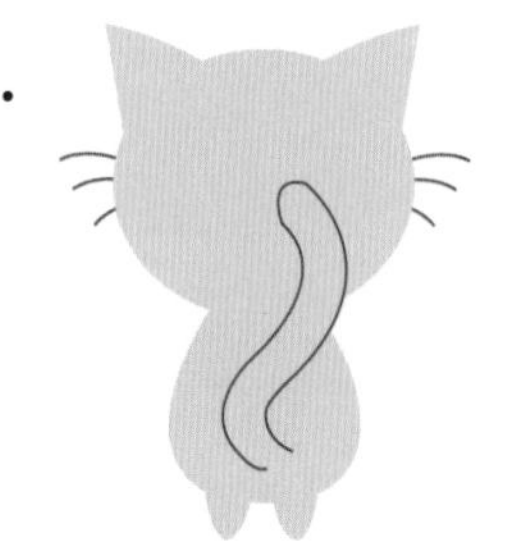

答案：A

# 看到哪一面？

## 熊貓

諾諾在熊貓的右邊。從諾諾的方向看，熊貓是什麼樣子？請圈出來。

B.

C.

D.

答案：C

# 看到哪一面？

## 小狗

做得好！ 不錯啊！ 仍需加油！

文文在小狗的左邊。從文文的方向看，小狗是什麼樣子？請圈出來。

難度

A.

B.

C.

D.

答案：B

# 看到哪一面？

## 兔子

做得好！ 不錯啊！ 仍需加油！

雅雅在兔子的上方。從雅雅的方向看，兔子是什麼樣子？請圈出來。

難度

A.

B.

C.

D.

答案：A

# 看到哪一面？
## 企鵝

壯壯在企鵝的下方。從壯壯的方向看，企鵝是什麼樣子？請圈出來。

難度 ★★★

A. 

B. 

C. 

D. 

答案：A

# 躲在哪裏？
## 農場

做得好！  不錯啊！  仍需加油！ 

● 請在下圖圈出方框內的 5 件物品。 難度 ★

答案：

# 躲在哪裏？

## 花園

做得好！ 不錯啊！ 仍需加油！

● 請在下圖圈出方框內的 5 件物品。

答案：

# 躲在哪裏？

## 沙灘

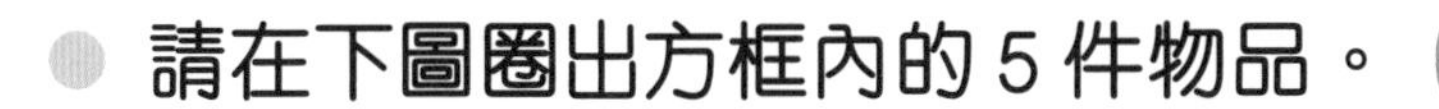

請在下圖圈出方框內的 5 件物品。

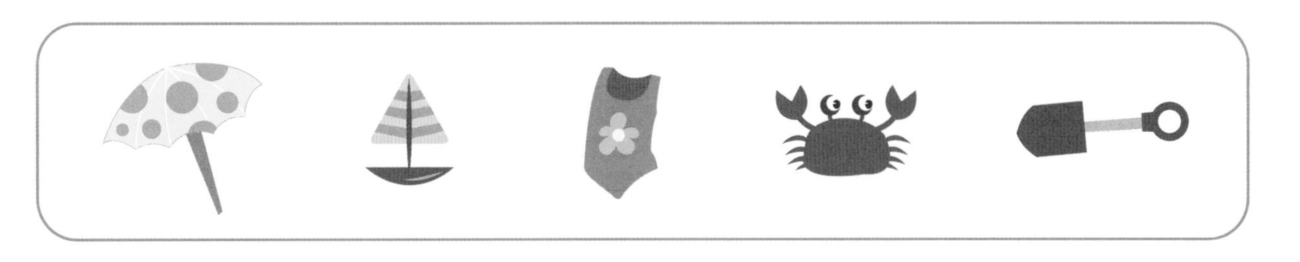

答案：

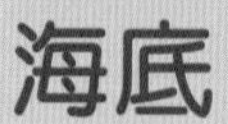

# 躲在哪裏？

## 海底

請在下圖圈出方框內的 5 尾魚兒。

答案：

# 躲在哪裏？

## 課室

請在下圖圈出方框內的 5 件物品。

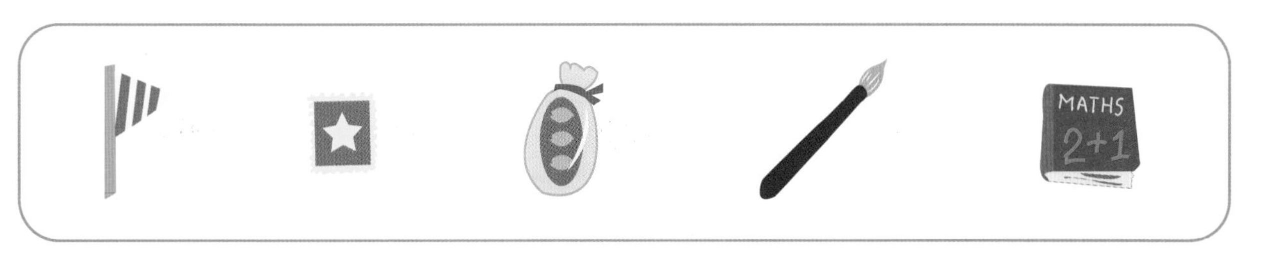

答案：

# 躲在哪裏？

## 動物園

- 小朋友到動物園參觀。你看到他們嗎？請圈出方框內的 5 位小朋友。

難度 ★★★★★

答案：